太空机器人

【美】底波拉·科普斯（Deborah Kops） 著
王 蒙 译

化学工业出版社

·北 京·

致每一位想要探索太空的读者,一本书、一台望远镜或一个机器人,助你实现梦想。

图书在版编目(CIP)数据

太空机器人 /[美]科普斯(Kops, D.)著;王蒙译. —北京:化学工业出版社,2015.9
(太空大揭秘)(2025.1重印)
书名原文:Exploring Space Robots
ISBN 978-7-122-24629-5

Ⅰ.①太… Ⅱ.①科…②王… Ⅲ.①空间探索—青少年读物 Ⅳ.①V11-49

中国版本图书馆 CIP 数据核字(2015)第 158413 号

Exploring Space Robots / by Deborah Kops
ISBN 978-0-7613-5445-1
Copyright © 2012 by Lerner Publishing Group, Inc. All rights reserved.
Authorized translation from the English language edition published by Lerner Publishing Group, Inc.
本书中文简体字版由 Lerner Publishing Group, Inc. 授权化学工业出版社独家出版发行。
未经许可,不得以任何方式复制或抄袭本书的任何部分,违者必究。

北京市版权局著作权合同登记号:01-2014-1586

责任编辑:成荣霞　　　　　文字编辑:陈　雨
责任校对:边　涛　　　　　装帧设计:尹琳琳

出版发行:化学工业出版社(北京市东城区青年湖南街 13 号　邮政编码 100011)
印　　装:北京瑞禾彩色印刷有限公司
889mm×1194mm　1/24　印张 1¾　字数 50 千字　2025 年 1 月北京第 1 版第 10 次印刷

购书咨询:010-64518888　　　　　售后服务:010-64518899
网　　址:http://www.cip.com.cn
凡购买本书,如有缺损质量问题,本社销售中心负责调换。

定　　价:18.00元　　　　　　　　　　　　　　　　　版权所有　违者必究

目 录

第一章
奔跑的机器人 ……… 4

第二章
著名的太空机器人 …………………… 10

第三章
工作中的机器人 …………… 15

第四章
谁控制着太空机器人？ …………… 23

第五章
太空机器人的未来 …………………… 31

词汇表 …………………………………… 38
延伸阅读 ………………………………… 39
图片致谢 ………………………………… 40

第一章　奔跑的机器人

快看！一辆有着六个轮子、高尔夫球车大小的机器人正在驶向一块岩石。这个机器人的名字叫做"机遇号"。其实，图中的这块岩石和这个机器人都在火星上。

"机遇号"在火星表面移动滑行。它在火星上做什么呢？

"机遇号"的摄像头拍下了这张巧克力山的图像。图像经过染色处理显示出火星上岩石和土壤类型之间的差异。

　　图中岩石名字叫做巧克力山,它的上面覆盖着黑色的物质。这个覆盖层让科学家想起了巧克力。他们想知道这个黑色覆盖层是什么。"机遇号"就是用来探索巧克力山的。

"机遇号"通过一些仪器设备来研究这些覆盖层的组成,然后将这些信息反馈回地球。在"机遇号"的帮助下,科学家们正在研究关于火星的一切。

"机遇号"在探测火星表面时使用它的机械臂。

什么是太空机器人？

能够执行任务的机器叫做机器人。人们将计算机程序写入机器人，通过多组指令来告诉它应该做什么。有些机器人可以在太空工作。

这张图片展示的是"精神号"机器人，它和"机遇号"在同一年登陆火星。

工程师们正在为"好奇号"的发射做准备。"好奇号"探测车比"机遇号"大。它是准备用来探测火星上生命的。

"机遇号"是一种叫做探测车的太空机器人。探测车依靠轮子四处走动、探索外部世界。

探测车并不是唯一的太空机器人类型。宇宙飞船在太空中飞行和探索，人造卫星在行星和卫星上空环绕飞行。因此一些太空机器人会用于维修航天器，还有一些太空机器人会将物资供应给国际空间站（国际空间站是供科学家长期生活和工作的地方）。

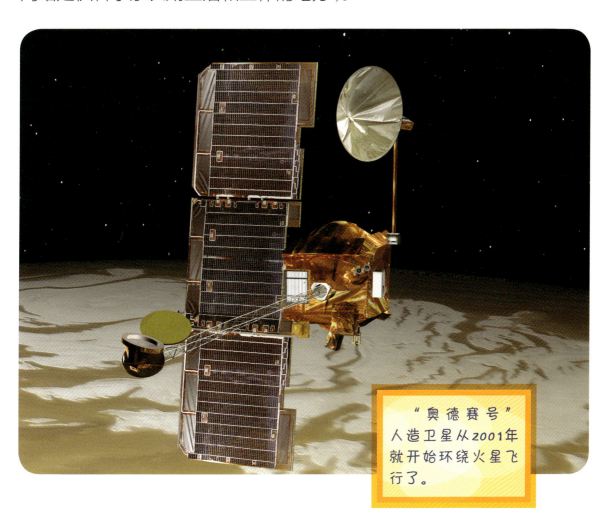

"奥德赛号"人造卫星从2001年就开始环绕火星飞行了。

第二章 著名的太空机器人

第一辆太空探测车是在月球上旅行的,它的名字叫做"月球车一号"。它装备了摄像机,在月球上行驶了十一个月。"月球车一号"向地球发回了几千张图片。

图片为1970年的"月球车一号"。月球车探索了什么呢?

维京一号

"维京一号"给我们带来了第一次与火星的近距离接触。实际上,"维京一号"是两个太空机器人,它由一个人造卫星和一个着陆器组成。人造卫星围绕在火星上空飞行,着陆器则降落在火星表面。着陆器没有轮子,所以它只能待在一个地方。

这里图片上显示的"维京一号"是第一个登上火星的太空机器人。

"维京一号"着陆器装备有一个铲子。它能铲起火星上的土壤,然后使用它自带的实验室来进行测试。科学家们设想着陆器有可能会发现在火星土壤中存在着微小的生命体。但是,着陆器没有任何发现。

"维京一号"在火星表面拍摄照片。

在外太空的机器人

"旅行者一号"和"旅行者二号"在太空中飞行得更远。这两个太空探测器到访了木星、土星、海王星和天王星。这些行星距离太阳和地球相当遥远。

"旅行者一号"宇宙飞船于1977年发射升空

"旅行者"任务探测器拍摄了很多行星的照片。人们第一次清楚地看到诸如图中这些行星的详情。这两个太空探测器现在仍然在向地球发回信号。

1989年,"旅行者二号"在飞近海王星时拍摄了这张照片。

第三章 工作中的机器人

机器人在太空中需要做很多工作，有些甚至会故意坠毁。科学家设想月球上众多的陨石坑中可能有水存在，于是，他们会让一个太空探测器撞向一个陨石坑。当探测器撞毁在陨石坑时，迸出了一些冰晶。这是科学家们第一次在月球上发现水的存在。

这张图片展示了一个太空探测器撞向月球表面。借助于这个实验，科学家们希望发现什么呢？

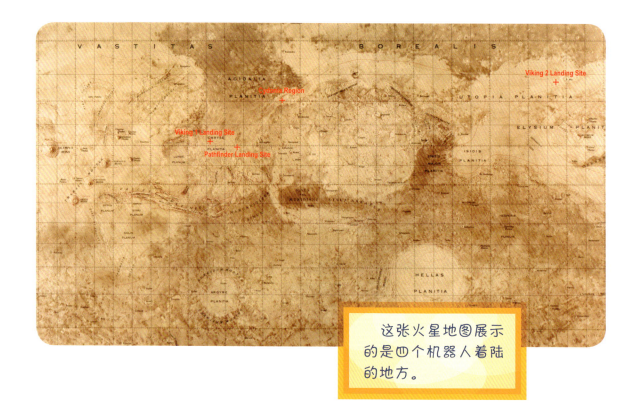

这张火星地图展示的是四个机器人着陆的地方。

绘制表面地图

人造卫星可以拍摄行星或者月球的照片。科学家们用这些照片来绘制它们的表面地图。

在未来的某一天,当人们准备到访某一颗行星的某个地方时,这些地图可能就会派上用场了。

绕月飞行的人造卫星能够记录下月球表面的温度。这个机器人曾经测量出一个温度——-415华氏度(-248摄氏度)。这是在任何卫星或者行星上有记录的最低温度。

月球勘探者已经环绕月球飞行了几乎两年时间。它提供了很多关于月球表面的信息给科学家。

▶ 探索

机器人也可以在其他星球的表面上行驶。

探测车能够到达那些对于人类来说太过危险的地方。它们能够拍摄照片,也能对岩石和土壤进行测试。

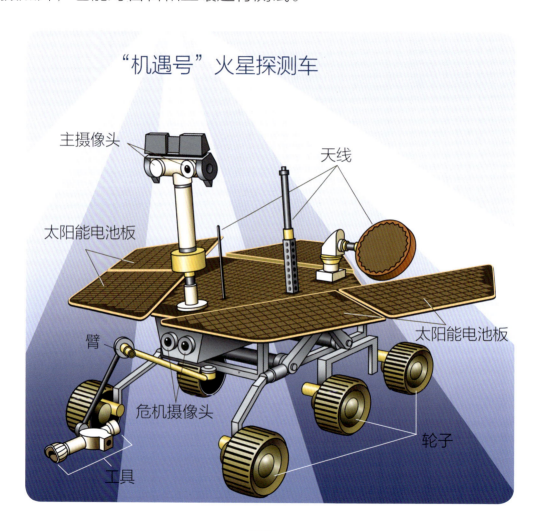

"机遇号"火星探测车

科学家在测试"好奇号"的机器臂。

一辆名为"好奇号"的火星探测车装备有一个钻头,它能够在岩石上打出洞来。这个过程可以产生砂尘。"好奇号"通过研究这些砂尘来了解这些岩石的构成。

一艘俄罗斯宇宙飞船与国际空间站对接以便将物资运输过去。

国际空间站的机器人

并不是所有机器人都是探索性机器人,有些是为了运输物资。在太空中,它们就像是巨大的运输卡车。作为太空运输船,将物资运输给国际空间站。

有些太空运输船在靠近国际空间站时的对接过程需要帮助。图中这个叫做"卡南达姆2号"的机器人正在前来提供帮助,它巨大的机械臂会伸出来抓住太空运输船。"卡南达姆2号"非常庞大,比一辆校车还要长!

一名宇航员在国际空间站外面作业时附接在"卡南达姆2号"上。

"德克斯特"是国际空间站上的另外一个机器人。"德克斯特"有12英尺(3.6米)高,两条机械臂,每条机械臂都有一个扳钳。"德克斯特"用它的扳钳来抓取物品,既能够替换损坏的部件,又可以移动大型的物体。

此处展示的是在"卡南达姆2号"尾端的"德克斯特"机器人。

第四章 谁控制着太空机器人？

太空机器人需要计算机程序来运行,但是大部分机器人也需要人类的帮助。人类操控者能够给予机器人方向指令。

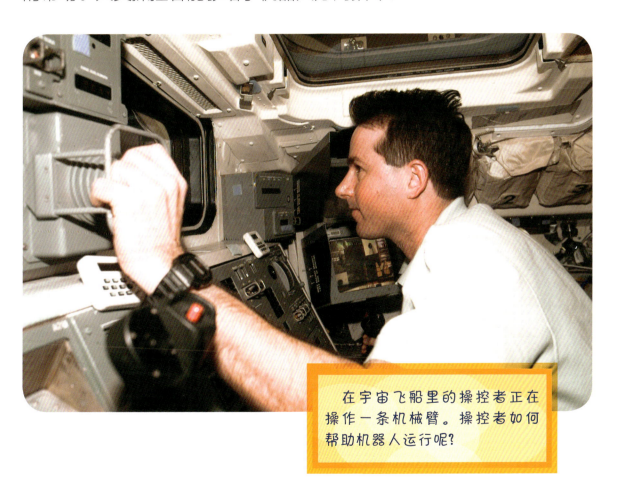

在宇宙飞船里的操控者正在操作一条机械臂。操控者如何帮助机器人运行呢?

举例而言,"卡南达姆2号"无法自己抓取一艘太空运输船,而需要有人来操作和控制它。人类操控者会告诉"卡南达姆2号"具体如何操作。

一名宇航员正在国际空间站内部操控"卡南达姆2号"。

并不是所有的太空运输船都需要人类的帮助。有些运输船具有高级的程序，这些程序使得它们自行停靠。但是，地球上的人类操控者仍然能够追踪到这些太空运输船。一旦产生问题，他们就会接手处理。

在得克萨斯州休斯敦市的航空中心里，操控者们使用计算机来与国际空间站保持联系。

"机遇号"的驾驶者

"机遇号"在无人驾驶的状态下于火星上到处移动。然而，这辆探测车可以与地球上的操控者沟通。它每天都在探测，然后将图片发回到地球。探测车在夜间会自行关闭。

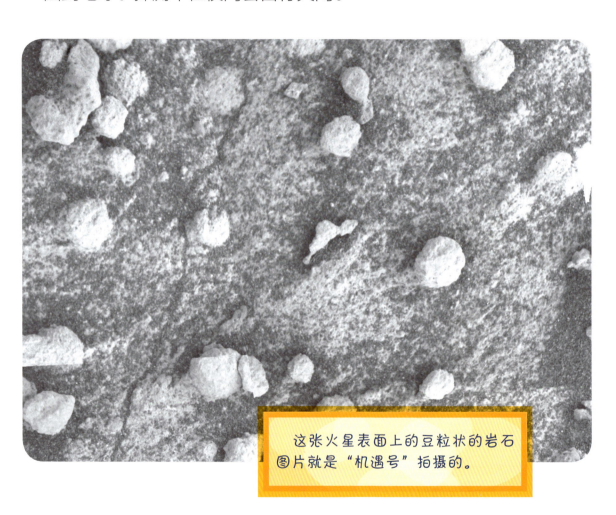

这张火星表面上的豆粒状的岩石图片就是"机遇号"拍摄的。

当探测车休息时，地球上的科学家们便开始了忙碌的工作。他们研究"机遇号"发回来的图片，从而决定下次将探测车设置到什么位置。他们会发送指令给探测车。当"机遇号"继续工作时，就会知道接下来需要做什么。

操控者们正在为"精神号"登陆火星做准备。

对外太空探测器的控制

远离地球旅行的太空探测器仍然会接收来自地球的指令。"新地平线号"探测器正在向外太空发射,它要去一个叫做冥王星的矮行星。矮行星没有足够大到可以称作行星。"新地平线号"是第一个登上冥王星的太空探测器。

"新地平线号"太空探测器乘火箭从发射台上发射升空。

"新地平线号"一天一天距离地球越来越远。因此,这个探测器需要一个强有力的天线来发送和接收信号。信号需要经过很长时间才能折返。

在这张图片中,"新地平线号"正在接近冥王星和它的三颗卫星。

诸如这台在加利福尼亚沙漠里的庞大天线设备,使得地球上的操控者可以与外太空的探测器保持联系。

在地球上,操控者们接收来自"新地平线号"的信号。他们使用又大又圆的天线设备。最大的直径有230英尺(70米)。这个长度比半个足球场的长度还要长。

第五章　太空机器人的未来

太空机器人让我们更加了解太空，因为它们能够到达人类无法到达的地方。例如，人类无法去冥王星旅行，因为距离太遥远了。一名宇航员需要花九年时间才能到达那里。

这张图片是从冥王星的卡戎卫星的角度拍摄的冥王星的样子。机器人能够帮助我们探索这个遥远的地方吗？

火星上的机器人

科学家对火星很有兴趣。某些科学家相信火星上曾经有生命体的存在,于是他们想通过研究火星来得出结论。

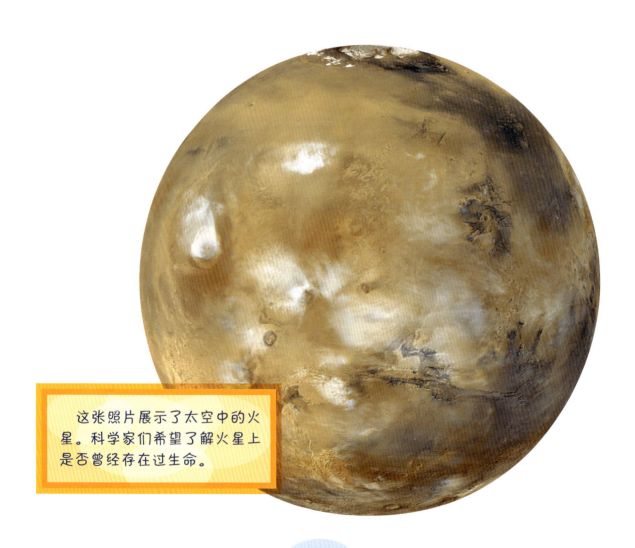

这张照片展示了太空中的火星。科学家们希望了解火星上是否曾经存在过生命。

机器人能够在火星表面上
探索多岩石的陆地

　　但是，研究火星是很不容易的。因为它距离地球太遥远，而且是一个危险的地方。火星的表面温度太低，不利于人类生存，且人类也不能呼吸它的空气。这就是为什么机器人对于研究火星来说如此重要。它们能在很冷的环境下工作，并且不需要任何空气。

在这幅图片中,"凤凰号"火星着陆器使用一串激光束来侦测火星上的星尘和星云。

将来会有更多的机器人去往火星。轨道飞行器可用于对火星空气的研究;太空机器人将会是一个有轮子的实验室,用于搜寻那些火星表面上曾经有水流过的区域。某一天,机器人甚至能够将一些火星上的石头送回地球!

新边沿

太空机器人将会继续帮助科学家们了解太空。一艘名为"朱诺号"的太空探测器用于研究木星。科学家们希望"朱诺号"可以帮助他们研究木星的形成。

在这张图片中,"朱诺号"太空探测器飞过木星上空。

另外一个太空探测器将会靠近太阳旅行。这将帮助科学家们了解更多关于太阳这颗恒星的情况。这个探测器将需要一个特制的防护层,该防护层可以保护探测器不至于因为太阳的热量而受到损害。

这张图片显示太阳探测器正在收集关于太阳的数据。

对于像木星或者太阳这样的地方来说,人类去太空旅行是不可能实现的。甚至,去火星旅行也是非常困难的。太空机器人是我们了解这些有趣地方的唯一方式。

这个图示中,一艘火箭正在从火星山发射。

词汇表

天线设备： 一种能够发送和接收信号的装置。

太空运输船： 一种在太空中运输物资的航天器。

计算机程序： 一组指示计算机或其他具有信息处理能力装置每一步动作的指令，通常用某种程序设计语言编写。

陨石坑： 行星、卫星、小行星或其他天体表面通过陨石撞击而形成的环形凹坑。

矮行星： 绕太阳环行但没有大到被称为行星的天体。

国际空间站： 在近地轨道上长时间运行，可供多名航天员巡访、长期工作和生活的载人航天器。

实验室： 专门用于科学实验的区域。

着陆器： 可以降落在天体表面的一种航天器。

人造卫星： 环绕地球在空间轨道上运行的无人航天器，可在地球和太空之间来回发送信号。

太空探测器： 能飞向太阳系其他天体的行星探测器，空间探测的范围集中在地球环境、空间环境、天体物理、材料科学和生命科学等方面。

机器人： 一种能够借助于计算机程序而自动执行任务的机器装置。

探测车： 一种有轮子能够四处移动的太空机器人。

延伸阅读

书籍

◆［韩］金志炫 著，金住京 绘.掉入黑洞的星际家庭：从双星到超新星，揭开宇宙不为人知的秘密.

我们的银河里，有2000亿颗星星。在这其中，有互相绕着旋转的双星，有忽明忽暗的变光星，有由许多星星聚在一起构成的星团，有爆发之前放出光芒的超新星，有把路过的星星都吸进去的黑洞。请跟随小主人公漫游整个银河，其乐无穷！

◆［韩］海豚脚足 著，李陆达 绘.科学超入门（5）：月球——好奇心，来到月球！

月亮的形状每天都在改变。有时候像盘子一样又大又圆，接着慢慢缩小成半个月亮，再过几天，又变得像眉毛一样又细又弯。通过与小主人公的月球之旅，你就会明白月亮形状变化的秘密，还有其中的规律了。

◆［韩］田和芃 著，五智贤 绘.科学超入门（4）：气体——气体，一起漫游太阳系！

学习气体知识为什么要去行星上探险呢？本书如同一部科幻漫画，请跟随小主人公一起踏上了漫游太阳系的旅程吧！

网址

NASA Space Place

http://spaceplace.jpl.nasa.gov/en/kids

在太空之地学习关于太空和太空任务的一切。该网站包含游戏、视频、可试项目以及其他。

New Horizon: NASA's Pluto-kuiper Belt Mission

http://pluto.jhuapl.edu/education/students/php

制作一个属于你自己的冥王星仪或者下载关于新地平线太空任务的海报。

探索太阳系

http://solarsystem.nasa.gov/kids/index.cfm

在这个网址，你可以知道自己如果在火星上体重是多少，也可以玩一些行星的拼图游戏。

图片致谢

本书所使用的图片经过了以下单位和个人的允许：美国国家航空航天局/JPL/康奈尔大学，图片4,33；美国国家航空航天局/JPL-加利福尼亚理工学院/康奈尔大学，图片5；美国国家航空航天局/JPL，图片6, 7, 9, 12, 13, 14, 16, 35, 37；美国国家航空航天局/JPL-加利福尼亚理工学院，图片8, 19；© Keystone-France/Gamma Keystone via Getty Images,图片10；美国国家航空航天局，图片11, 20, 22, 24, 25, 34；美国国家航空航天局/Roger Arno，图片15；美国国家航空航天局/GSFC，图片17；© Laura Westlund/独立图片服务，图片18；美国国家航空航天局/GSFC，图片21；© AFP/Getty图文，图片19；美国国家航空航天局/JPL /康奈尔大学/USGS，图片26；AP Photo/美国国家航空航天局，Bill Ingalls，图片27；美国国家航空航天局/Kim Shiftlett，图片28；美国国家航空航天局/JHUAPL/SwRI，图片29；AP Photo/Neil Jaccobs，图片30；© Ron Miller，图片31；美国国家航空航天局/JPL/MSSS，图片32；JHU/APL，图片36。

封面图片：美国国家航空航天局/JPL